L'UNIVERS

CRÉATIVITÉ COSMIQUE
ET ARTISTIQUE

LA PETITE
BÉDÉTHÈQUE
DES SAVOIRS

L'UNIVERS

CRÉATIVITÉ COSMIQUE ET ARTISTIQUE

TEXTES
HUBERT REEVES

DESSINS
DANIEL CASANAVE

COULEURS
CLAIRE CHAMPION

LE LOMBARD
BRUXELLES

LA PETITE BÉDÉTHÈQUE DES SAVOIRS

DÉJÀ PARUS

1 **L'INTELLIGENCE ARTIFICIELLE**
JEAN-NOËL LAFARGUE
MARION MONTAIGNE

2 **L'UNIVERS**
HUBERT REEVES
DANIEL CASANAVE

3 **LES REQUINS**
BERNARD SÉRET
JULIEN SOLÉ

4 **LE HEAVY METAL**
JACQUES DE PIERPONT
HERVÉ BOURHIS

5 **LE DROIT D'AUTEUR**
EMMANUEL PIERRAT
FABRICE NEAUD

6 **LE HASARD**
IVAR EKELAND
ÉTIENNE LÉCROART

7 **LE NOUVEL HOLLYWOOD**
JEAN-BAPTISTE THORET
BRÜNO

8 **LE TATOUAGE**
JÉRÔME PIERRAT
ALFRED

9 **L'ARTISTE CONTEMPORAIN**
NATHALIE HEINICH
BENOÎT FEROUMONT

10 **HISTOIRE DE LA PROSTITUTION**
LAURENT DE SUTTER
AGNÈS MAUPRÉ

11 **LE FÉMINISME**
ANNE-CHARLOTTE HUSSON
THOMAS MATHIEU

12 **LE MINIMALISME**
CHRISTIAN ROSSET
JOCHEN GERNER

13 **LES SITUATIONNISTES**
CHRISTOPHE BOURSEILLER
JAKE RAYNAL

14 **LA COMMUNICATION POLITIQUE**
CHRISTIAN DELPORTE
TERREUR GRAPHIQUE

15 **LE RUGBY**
OLIVIER BRAS
GUILLAUME BOUZARD

16 **LES DROITS DE L'HOMME**
FRANÇOIS DE SMET
THIERRY BOUÜAERT

17 **INTERNET**
JEAN-NOËL LAFARGUE
MATHIEU BURNIAT

18 **LE CONFLIT ISRAÉLO-PALESTINIEN**
VLADIMIR GRIGORIEFF
ABDEL DE BRUXELLES

19 **LES ZOMBIES**
PHILIPPE CHARLIER
RICHARD GUÉRINEAU

20 **LES ABEILLES**
YVES LE CONTE
JEAN SOLÉ

À PARAÎTRE

21 **L'ADOLESCENCE**
DAVID LE BRETON
POCHEP

22 **LE LIBÉRALISME**
PIERRE ZAOUI
ROMAIN DUTREIX

AVANT-PROPOS

LA VOIX D'UN SAVANT

Sur le mode de la confidence, le philosophe des sciences Jean-Jacques Salomon[1] se plaisait à répéter, non sans un certain éclat de malice dans le regard, que de nos jours, les véritables savants se font de plus en plus rares et seraient peut-être même un jour appelés à disparaître. Dans les faits, disait-il, ceux-ci ont été remplacés par des "professionnels", qu'il appelait aussi des "spécialistes de la science". Salomon accordait en effet au savant une valeur particulière. Alors que selon lui jamais les professionnels de la science n'ont été aussi nombreux et que jamais l'influence d'une telle communauté n'a été aussi déterminante sur le destin du monde, les véritables savants, les grands esprits scientifiques qui pensent la science et le monde avec sagesse, quant à eux manqueraient. Il est vrai que les illustres noms de la science, ceux que Salomon respectait tant, tels les Einstein, les Szilard, les Chargaff ou encore les Oppenheimer, étaient aussi et avant tout de grands esprits et d'incontestables philosophes.

Ce que disait Salomon, Hubert Reeves l'avait déjà amèrement constaté dans les années 50, alors qu'il n'était encore qu'un jeune laborantin travaillant dans un campement scientifico-militaire du nom de Burnt Creek, dans le Grand Nord québécois. C'est dans un petit cabanon de fortune faisant office de laboratoire de chimie perdu dans la toundra, aux frontières du Labrador, que le jeune Hubert a pris conscience de cette triste réalité qu'il ne soupçonnait pas : l'esprit scientifique n'en avait que faire de son idéal d'aventure ; là-bas, à Burnt Creek, la science était mise au service de l'industrie et de la rentabilité.
Voilà en partie probablement pourquoi Hubert Reeves fédère autour de sa personne autant de sentiments authentiques et accueillants. Parce qu'avec lui, nous sommes en présence d'un grand esprit qui n'a jamais, du plus loin que nous puissions nous en souvenir, délaissé les grandes questions métaphysiques, éthiques et morales. Hubert Reeves est aimé, respecté et écouté, parce qu'il est pour nous, simples Béotiens avides de réponses, plus qu'un simple astrophysicien. Il est la voix qui nous parle, celle qui sait ramener à notre intellection les idées les plus complexes : pourquoi quelque chose plutôt que rien ? Existe-t-il un projet de la nature ? L'homme peut-il s'adapter à lui-même ?

UNE IMAGE, SYMBOLE DE TOUTE UNE VIE

Une image n'a cessé d'accompagner Hubert Reeves durant tout son parcours : une photographie en noir et blanc qu'il a prise, enfant, dans les années 40. Cette photo représente un chemin de terre qui, si on le suit, se prolonge dans des sous-bois, puis se perd dans la pénombre des arbres, pour finalement disparaître dans un noir profond. La topographie de cette route fascinait le jeune Hubert : où menait-elle ? Qu'y avait-il ensuite ? Que se passait-il au-delà de ce que sa vue lui autorisait ?
Si la photographie de ce chemin se perdant dans des sous-bois ombragés est une parfaite représentation de l'engagement qui a poussé Hubert Reeves à lever les yeux vers la voûte céleste dans l'idée d'y trouver les réponses à ce qu'il lui était impossible de voir, cette représentation d'une nature commune et familière

correspond également à ses récentes préoccupations que sont l'écologie et l'environnement. Car après avoir passé de longues années le regard porté le plus loin qui lui était permis, Hubert Reeves s'est également rappelé qu'il ne fallait certainement pas délaisser l'ici-bas. C'est ainsi qu'il est, depuis 2000, avec l'association Humanité et Biodiversité dont il est devenu l'actif président d'honneur après l'avoir présidée de 2001 à mars 2015, un scientifique préoccupé par la dégradation de l'environnement, un savant engagé dans la propagation de valeurs qui se veulent agissantes sur la protection de la biodiversité comme sur celle du vivant en général.

L'ARTISTE ET LE MONDE, DANS LES PAS DE BERGSON

Le philosophe Henri Bergson rappelait il y a déjà plus d'un siècle que la théorie de la connaissance et la théorie de la vie lui apparaissaient comme inséparables l'une de l'autre. Comme le sous-entend le sous-titre de cette bande dessinée, *Créativité cosmique et artistique*, Hubert Reeves, de la même manière que Bergson dans son célèbre ouvrage de 1907 *L'Évolution créatrice*, a été amené à faire de nombreux parallèles entre les processus créatifs de la nature et la relation que les artistes entretiennent avec leurs propres élans de création. Henri Bergson a en effet beaucoup écrit sur ces sujets, évoquant l'idée de ce qu'il nommait un *"élan vital"*, une sorte de principe impersonnel qu'il imaginait inséré au départ de la matière, qui aurait guidé son évolution, sans toutefois prétendre à l'existence d'un grand Architecte. Il est fantastique de se rendre compte que les intuitions d'un grand philosophe du début du XXe siècle dialoguent à ce point avec les conclusions d'un astrophysicien qui, toute sa vie, s'est penché sur l'origine des éléments chimiques, sur l'étude du système solaire et de l'Univers. Dans un célèbre passage de *L'Évolution créatrice*, Bergson employait déjà cette très belle image du peintre face à sa toile blanche pour exprimer son intuition de l'élan vital : *"Le portrait achevé s'explique par la physionomie du modèle, par la nature de l'artiste, par les couleurs délayées sur la palette ; mais, même avec la connaissance de ce qui l'explique, personne, pas même l'artiste, n'eût pu prévoir exactement ce que serait le portrait, car le prédire eût été le produire avant qu'il fût produit, hypothèse absurde qui se détruit elle-même. Ainsi pour les moments de notre vie, dont nous sommes les artisans. Chacun d'eux est une espèce de création. Et de même que le talent du peintre se forme ou se déforme, en tout cas se modifie, sous l'influence même des œuvres qu'il produit, ainsi chacun de nos états, en même temps qu'il sort de nous, modifie notre personne, étant la forme nouvelle que nous venons de nous donner. On a donc raison de dire que ce que nous faisons dépend de ce que nous sommes ; mais il faut ajouter que nous sommes dans une certaine mesure, ce que nous faisons, et que nous nous créons continuellement nous-mêmes."*[2]

Nous le verrons dans les pages qui suivent, Hubert Reeves, lui aussi, comme Bergson, va user de la métaphore de la création artistique pour nous faire comprendre qu'il existe une alternative à l'idée du grand Architecte — jouerait-il ou non aux dés.[3]

UNE ASSOCIATION PARFAITE

Quelques mots encore à propos de Daniel Casanave, le dessinateur de cet album. Car jamais nous n'aurions osé rêver auteur plus providentiel que lui pour illustrer les propos d'Hubert Reeves dont le ton et les intentions ont été formidablement rendus par un dessin et une mise en scène d'une efficacité redoutable. À cela, il n'y a peut-être pas de hasard, puisque le grand auteur dont se réclame Daniel, celui par lequel enfant il a appris à aimer le dessin en ne cessant d'en recopier l'œuvre, n'est autre que Georges Beuville (1902-1982). Un jour de l'année 1935, lorsqu'il fut nommé par le ministère de la Défense peintre Officiel de l'Air et de l'Espace, cet illustrateur, malheureusement un peu trop oublié, apporta à sa signature une étoile, qu'il n'oublia plus jamais d'apposer. Depuis ses premiers livres, parus dans les années 2000, c'est avec cette même étoile que Daniel a ennobli sa propre signature. Un clin d'œil qui prend probablement ici un sens plus poétique encore...

David Vandermeulen

NOTES

1. Jean-Jacques Salomon (1929-2008) fut l'un des plus importants philosophes des sciences français. Il pensait en particulier les questions éthiques propres aux rapports entre la science et le militaire.

2. Henri Bergson, *L'Évolution créatrice*, Librairie Félix Alcan, p. 7, 1907.

3. Einstein rassurait les croyants en expliquant que sa théorie de la relativité n'excluait pas l'existence de Dieu et disait que plus on perçait les secrets de la nature, plus on respectait Dieu.

LES ÉTOILES NE FONT PAS DE MUSIQUE. ELLES FONT DU BRUIT. UN VACARME GIGANTESQUE !

MAIS, HEUREUSEMENT, NOUS NE POUVONS PAS L'ENTENDRE. IL Y N'YA PAS D'AIR POUR TRANSMETTRE LE SON DANS LE VIDE SIDÉRAL.

IL EXISTE UN RAPPORT PLUS PROFOND ENTRE NOUS ET LES ÉTOILES ...
C'EST CE QUE JE VAIS ESSAYER D'EXPLICITER DANS CETTE BANDE DESSINÉE.

QUAND ON LIT DES BIOGRAPHIES DE NOS ARTISTES PRÉFÉRÉS : MUSICIENS, PEINTRES, POÈTES, QUELQUE CHOSE SOUVENT NOUS FRAPPE.
BON NOMBRE DE CES PERSONNES CRÉENT DANS DES CONDITIONS TRÈS DIFFICILES.
À LA FIN DE SA VIE, BEETHOVEN DEVIENT SOURD ET N'ENTEND PLUS LES ACCENTS DE SA NEUVIÈME SYMPHONIE.
L'ÉTAT MENTAL DE VAN GOGH SE DÉTÉRIORE RAPIDEMENT.
REMBRANDT CROULE SOUS LES DETTES.
MAIS POURQUOI PERSISTEZ-VOUS À CONTINUER VOTRE OEUVRE DANS UNE SITUATION SI PÉNIBLE ?
PARCE QUE JE NE PEUX PAS FAIRE AUTREMENT. SI J'ARRÊTAIS DE PEINDRE J'AURAIS L'IMPRESSION DE MOURIR.
JE TRAVAILLE POUR RESTER EN VIE.

AUJOURD'HUI, GRÂCE AUX ACQUIS DES CONNAISSANCES, NOUS POURRIONS DIRE À CES ARTISTES DES CHOSES INTÉRESSANTES SUR CE SUJET.
IL NE SAGIT PAS D'EXPLIQUER L'ART (IL N'A PAS BESOIN D'EXPLICATION : IL SE SUFFIT À LUI-MÊME !)
MAIS D'APPORTER UN ÉCLAIRAGE NOUVEAU SUR CETTE ACTIVITÉ CRÉATRICE.

JE VOUDRAIS VOUS PRÉSENTER CET UNIVERS OÙ NOUS SOMMES ENTRÉS À NOTRE NAISSANCE.
IL EST FAIT D'UN ENSEMBLE DE GALAXIES.
UNE GALAXIE, C'EST UN AMAS DE PLUSIEURS CENTAINES DE MILLIARDS D'ÉTOILES.

VOICI UNE IMAGE DE L'UNIVERS À LA PLUS GRANDE ÉCHELLE : DES GALAXIES, DES GALAXIES À PERTE DE VUE.
IL Y EN A AU MOINS CENT MILLIARDS. PEUT-ÊTRE BEAUCOUP PLUS. PEUT-ÊTRE UN NOMBRE INFINI.
ON NE SAIT PAS.

SUR L'UNIVERS, LA PENSÉE DOMINANTE DEPUIS PRÈS DE DEUX MILLE ANS ÉTAIT CELLE D'ARISTOTE, QUI L'AFFIRMAIT ÉTERNEL ET INCHANGEANT. SELON LUI :
L'UNIVERS A TOUJOURS EXISTÉ ET EXISTERA TOUJOURS.
À GRANDE ÉCHELLE, RIEN NE CHANGE JAMAIS. L'UNIVERS EST STATIQUE.
DEPUIS LE DÉBUT DU 20e SIÈCLE, GRÂCE AUX GRANDS TÉLESCOPES ET À L'ASTRONOME EDWIN HUBBLE, NOUS SAVONS QUE CETTE AFFIRMATION EST FAUSSE.
L'UNIVERS N'EST PAS STATIQUE. IL EST EN CHANGEMENT PROFOND.

L'UNIVERS EST EN EXPANSION.
L'UNIVERS A UNE HISTOIRE.
ELLE SE DÉROULE DEPUIS PRÈS DE 14 MILLIARDS D'ANNÉES.
C'EST UNE DES PLUS GRANDES DÉCOUVERTES DE LA SCIENCE CONTEMPORAINE.
NOS VIES S'INSCRIVENT DANS CETTE HISTOIRE.

NOTRE UNIVERS MONTRE UNE CARACTÉRISTIQUE REMARQUABLE : IL EST HABITÉ PAR D'INNOMBRABLES STRUCTURES DE TOUTES DIMENSIONS.

AUX PLUS GRANDES ÉCHELLES, IL HÉBERGE DES GALAXIES ET DES AMAS DE GALAXIES.

EN DESCENDANT VERS LES DIMENSIONS PLUS PETITES, ON Y TROUVE SUCCESSIVEMENT DES ÉTOILES DE COULEURS ET DE MASSES VARIÉES...

DES PLANÈTES ...
DES SATELLITES ...
... DES COMÈTES.

SUR TERRE VIT UNE IMMENSE VARIÉTÉ D'ORGANISMES.
PLUSIEURS MILLIONS D'ESPÈCES DE PLANTES.

PLUSIEURS MILLIONS D'ESPÈCES D'ANIMAUX.

DE BACTÉRIES ET DE VIRUS.

À PLUS PETITE ÉCHELLE ENCORE, IL Y A LES MOLÉCULES GÉANTES (ADN, ACIDES AMINÉS...),
... LES MOLÉCULES SIMPLES (EAU, AMMONIAC, MÉTHANE...),
... ET PUIS LES ATOMES (CARBONE, AZOTE, OXYGÈNE, FER, OR, URANIUM... TOUTE LA TABLE DE MENDELEÏEV),
ENSUITE, LES NOYAUX ATOMIQUES, LES NEUTRONS ET LES PROTONS...
COMPOSÉS EUX-MÊMES...
... DE QUARKS DE TROIS FAMILLES DIFFÉRENTES.
u
d
s

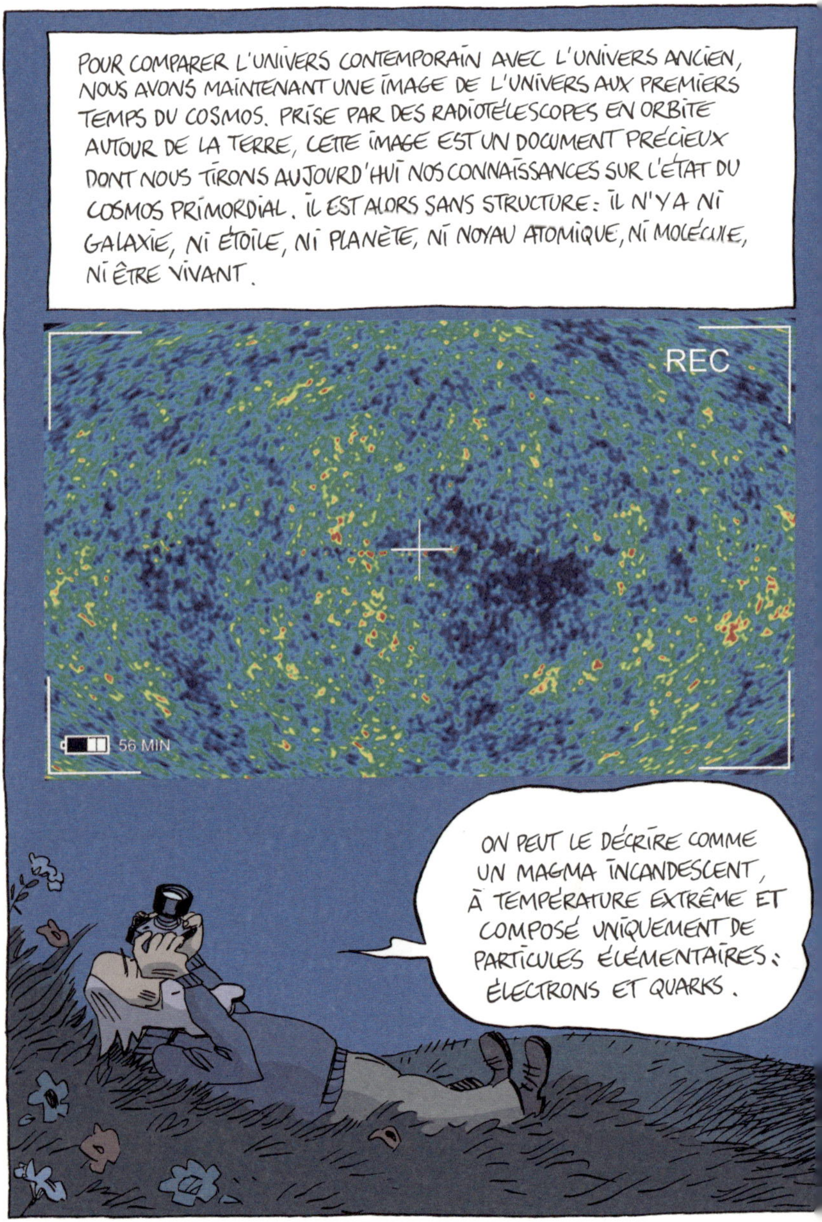
POUR COMPARER L'UNIVERS CONTEMPORAIN AVEC L'UNIVERS ANCIEN, NOUS AVONS MAINTENANT UNE IMAGE DE L'UNIVERS AUX PREMIERS TEMPS DU COSMOS. PRISE PAR DES RADIOTÉLESCOPES EN ORBITE AUTOUR DE LA TERRE, CETTE IMAGE EST UN DOCUMENT PRÉCIEUX DONT NOUS TIRONS AUJOURD'HUI NOS CONNAISSANCES SUR L'ÉTAT DU COSMOS PRIMORDIAL. IL EST ALORS SANS STRUCTURE : IL N'Y A NI GALAXIE, NI ÉTOILE, NI PLANÈTE, NI NOYAU ATOMIQUE, NI MOLÉCULE, NI ÊTRE VIVANT.
REC
56 MIN
ON PEUT LE DÉCRIRE COMME UN MAGMA INCANDESCENT, À TEMPÉRATURE EXTRÊME ET COMPOSÉ UNIQUEMENT DE PARTICULES ÉLÉMENTAIRES : ÉLECTRONS ET QUARKS.

CES IMAGES ILLUSTRENT L'ÉNORME DIFFÉRENCE ENTRE LE COSMOS INITIAL ET LE COSMOS ACTUEL.
L'HISTOIRE DE L'UNIVERS S'INSCRIT ENTRE CES DEUX ÉTATS. ELLE RACONTE COMMENT LE COSMOS S'EST MÉTAMORPHOSÉ DE CET ÉTAT DE CHAOS INITIAL À L'ÉTAT RICHEMENT STRUCTURÉ D'AUJOURD'HUI.
REC
90°
60°
30°
0°
330°
300°
270°
56 MIN
L'OBJECTIF DES ASTROPHYSICIENS EST DE DEVENIR LES HISTORIENS DE CETTE CROISSANCE DE LA COMPLEXITÉ COSMIQUE.

GRÂCE AUX ACQUIS DES SCIENCES CONTEMPORAINES,
NOUS CONNAISSONS MAINTENANT ASSEZ BIEN LES RÈGLES DES JEUX AUXQUELS SE LIVRE LA NATURE ...
... POUR EFFECTUER CETTE MÉTAMORPHOSE,
DEUX TERMES SONT À RETENIR : "RENCONTRES CRÉATRICES" ET "PROPRIÉTÉS ÉMERGENTES".
ILS REVIENDRONT À TOUTES LES ÉTAPES.

UNE COMPARAISON AVEC L'ÉCRITURE NOUS AIDERA À COMPRENDRE.
LE TRUC EST D'ASSOCIER DES ÉLÉMENTS, DES LETTRES ...
POUR FAIRE DES MOTS ...
ÉTOILES
Les étoiles ne font pas de musique.
PUIS D'ASSOCIER DES MOTS POUR FAIRE DES PHRASES.
es étoiles ne font pas de
usique. Elles font du bruit.
n vacarme gigantesque.
PUIS, SUR LE MÊME MODE, SUCCESSIVEMENT DES PARAGRAPHES ...
Les étoiles ne font pas de musique. Elles font du bruit. Un vacarme gigantesque.
Il existe un rapport beaucoup plus profond entre nous et les étoiles : c'est ce que je vais essayer d'expliciter dans cette bande dessinée.
Quand on lit des biographies de nos artistes préférés : musiciens, peintres, poètes, quelque chose souvent nous frappe.
Bon nombre de ces personnes écrivent dans des conditions très difficiles. À la fin de sa vie, Beethoven devient sourd et n'entend plus les accents de sa Neuvième Symphonie.
L'état mental de Van Gogh se détériore rapidement. Rembrandt croule sous les dettes.
DES CHAPITRES ...

DES LIVRES ...
ROBERT REEVES
L'UNIVERS
DANIEL CASANAVE
DES COLLECTIONS ...
DES BIBLIOTHÈQUES ...

PRENONS UN EXEMPLE.
JE PRONONCE SUCCESSIVEMENT LES LETTRES B, L, E, U.
AU MOMENT OÙ J'AI ÉNONCÉ LA QUATRIÈME LETTRE, LE U, ...
UNE IMAGE VOUS EST VENUE À L'ESPRIT : LA COULEUR BLEUE.
MAIS PAS AVANT.
CETTE IMAGE ÉMERGE DE L'ASSOCIATION (RENCONTRE CRÉATRICE) DE CES QUATRE LETTRES DANS CET ORDRE.
C'EST LÀ, TYPIQUEMENT, UNE "PROPRIÉTÉ ÉMERGENTE".

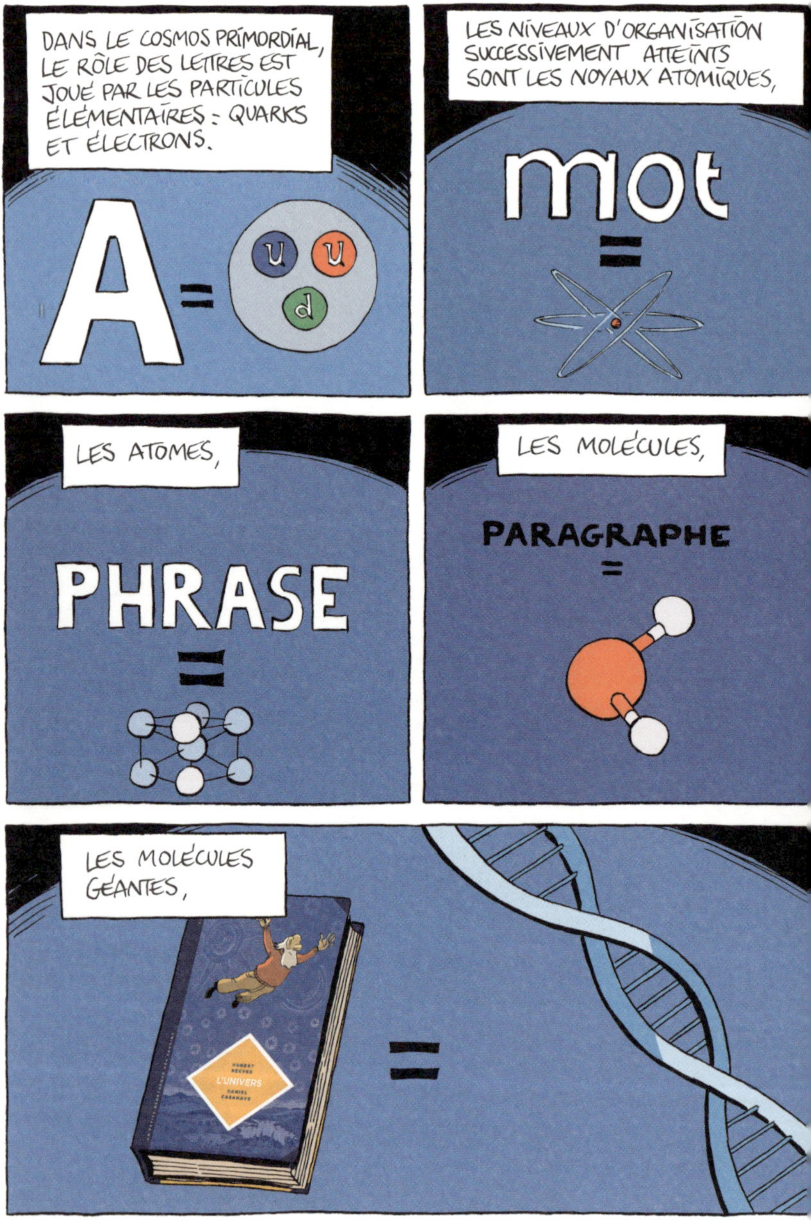
DANS LE COSMOS PRIMORDIAL, LE RÔLE DES LETTRES EST JOUÉ PAR LES PARTICULES ÉLÉMENTAIRES : QUARKS ET ÉLECTRONS.
A
u
u
d
LES NIVEAUX D'ORGANISATION SUCCESSIVEMENT ATTEINTS SONT LES NOYAUX ATOMIQUES,
mot
LES ATOMES,
PHRASE
LES MOLÉCULES,
PARAGRAPHE
LES MOLÉCULES GÉANTES,
L'UNIVERS

LES CELLULES,
LES ORGANISMES VIVANTS.

CONSIDÉRONS, PAR EXEMPLE, LA MOLÉCULE D'EAU. ELLE SE FORME PAR LA RENCONTRE DE DEUX VARIÉTÉS D'ATOMES : L'HYDROGÈNE ET L'OXYGÈNE (UNE RENCONTRE CRÉATRICE)... L'EAU POSSÈDE DES PROPRIÉTÉS QUE N'ONT NULLEMENT LES DEUX ATOMES. C'EST UN SOLVANT (PROPRIÉTÉ ÉMERGENTE) QUI VA JOUER UN RÔLE MAJEUR DANS L'ÉDIFICATION DES SYSTÈMES VIVANTS.
H
H_2O

DE MÊME, LA MOLÉCULE DE SUCRE, FORMÉE PAR L'ASSOCIATION D'HYDROGÈNE, DE CARBONE ET D'OXYGÈNE A, COMME PROPRIÉTÉ ÉMERGENTE, LE GOÛT DE SUCRÉ QUE NOUS ADORONS.

L'ADN EST FAIT D'HYDROGÈNE, DE CARBONE, D'AZOTE, D'OXYGÈNE ET DE PHOSPHORE. IL CONSTITUE NOTRE GÉNOME ET GOUVERNE NOTRE ACTIVITÉ VITALE (SUBLIME PROPRIÉTÉ ÉMERGENTE !!!).

À PLUS GRANDE ÉCHELLE, LES COLLISIONS DE GALAXIES...
... SONT CRÉATRICES D'ÉTOILES NOUVELLES QUI,
PAR L'ASSOCIATION DE PROTONS ET DE NEUTRONS, ENGENDRENT LES ATOMES DU COSMOS DONT,
EN PARTICULIER, L'OXYGÈNE...
... DONT NOTRE CORPS EST CONSTITUÉ À SOIXANTE-CINQ POUR CENT.

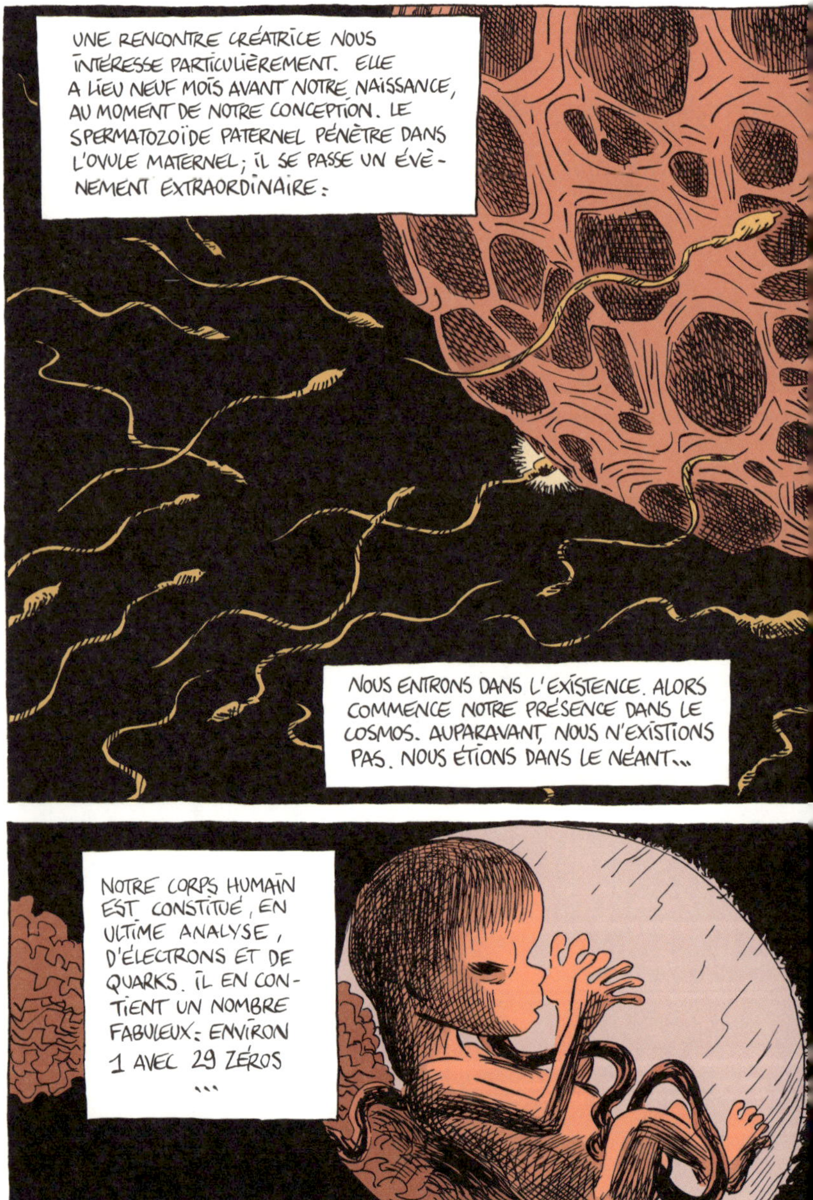
UNE RENCONTRE CRÉATRICE NOUS INTÉRESSE PARTICULIÈREMENT. ELLE A LIEU NEUF MOIS AVANT NOTRE NAISSANCE, AU MOMENT DE NOTRE CONCEPTION. LE SPERMATOZOÏDE PATERNEL PÉNÈTRE DANS L'OVULE MATERNEL ; IL SE PASSE UN ÉVÈNEMENT EXTRAORDINAIRE :
NOUS ENTRONS DANS L'EXISTENCE. ALORS COMMENCE NOTRE PRÉSENCE DANS LE COSMOS. AUPARAVANT, NOUS N'EXISTIONS PAS. NOUS ÉTIONS DANS LE NÉANT...
NOTRE CORPS HUMAIN EST CONSTITUÉ, EN ULTIME ANALYSE, D'ÉLECTRONS ET DE QUARKS. IL EN CONTIENT UN NOMBRE FABULEUX : ENVIRON 1 AVEC 29 ZÉROS ...

CES PARTICULES ÉLÉMENTAIRES EXISTAIENT DÉJÀ AU DÉBUT DU COSMOS. ELLES ÉTAIENT DISSOCIÉES, DISPERSÉES DANS LE MAGMA INCANDESCENT.
AUJOURD'HUI, ELLES SONT ASSOCIÉES DANS UNE STRUCTURE D'UNE COMPLEXITÉ ÉPOUSTOUFLANTE DANS NOTRE CORPS.
LES ÉTAPES DE CETTE ÉLABORATION, DANS LES ÉTOILES, SUR LA TERRE,
TOUT AU LONG DE L'ÉVOLUTION BIOLOGIQUE, SONT LES CHAPITRES DE NOTRE HISTOIRE PERSONNELLE, DE NOTRE AUTOBIOGRAPHIE.
LA PHYSIQUE, LA CHIMIE, LA BIOLOGIE, LA GÉOLOGIE, LA PSYCHOLOGIE NOUS EN EXPLICITENT LES MÉCANISMES.

JE VOUS PROPOSE UN PETIT EXERCICE : FERMEZ LES YEUX ET DITES-VOUS INTÉRIEUREMENT :
" J'EXISTE, JE SUIS AU MONDE "
VOUS AVEZ EFFECTUÉ LÀ UNE DES PLUS GRANDES PROUESSES RÉALISABLES DANS L'UNIVERS, BIEN AU-DELÀ DE CELLES QUI MÉRITENT DES MÉDAILLES D'OR OU D'ARGENT AUX JEUX OLYMPIQUES.
ELLE REQUIERT L'ENSEMBLE COORDONNÉ DE TOUTES CES PARTICULES DONT LES PROPRIÉTÉS ÉMERGENTES SONT L'INTELLIGENCE ET LA CONSCIENCE.

'EST À UN PENSEUR DE L'ANTIQUITÉ GRECQUE QUE OUS DEVONS DE CONNAÎTRE UN AUTRE MODE DE ONCTIONNEMENT DE LA NATURE DANS LA STRUCTURATION DU COSMOS.
IL S'APPELLE DÉMOCRITE. IL AVAIT L'HABITUDE DE S'EXPRIMER EN PHRASES HERMÉTIQUES.
OUT ARRIVE PAR HASARD T PAR NÉCESSITÉ.
ÇA N'A PAS DE SENS. SI C'EST PAR HASARD, ÇA N'EST PAS PAR NÉCESSITÉ.
SI C'EST PAR NÉCESSITÉ, ÇA N'EST PAS PAR HASARD !
ON A MIS DEUX MILLE ANS À COMPRENDRE QUE DÉMOCRITE AVAIT RAISON.

CE SONT LES SCIENCES MODERNES, LA PHYSIQUE ATOMIQUE ET LA THÉORIE DU CHAOS DÉTERMINISTE QUI NOUS ONT PERMIS D'ADMETTRE COMBIEN CETTE AFFIRMATION A DU SENS.
UN EXEMPLE VA NOUS PERMETTRE DE L'EXPLICITER.
CELUI DES CRISTAUX DE NEIGE.

NOUS AIMONS REGARDER LES CRISTAUX DE NEIGE POUR DEUX RAISONS DIFFÉRENTES.
LA PREMIÈRE : ILS MONTRENT UN HAUT DEGRÉ D'ORGANISATION, LA SECONDE : ILS SONT TOUS DIFFÉRENTS.

LES LOIS DE LA PHYSIQUE IMPOSENT AUX CRISTAUX DE NEIGE D'AVOIR SIX POINTES.
C'EST LA SYMÉTRIE HEXAGONALE.
MAIS QUAND ILS ONT OBÉI À CETTE INJONCTION,
ILS PEUVENT PRENDRE UNE INFINITÉ DE FORMES DIFFÉRENTES,
DICTÉES PAR LE HASARD DE LEUR PÉRÉGRINATIONS,
DANS LES NUAGES HUMIDES DES GIBOULÉES.

EN D'AUTRES MOTS, LES LOIS (LA NÉCESSITÉ) NE DÉTERMINENT PAS ENTIÈREMENT LEUR SORT.

UN ÉLÉMENT D'INDÉTERMINATION SUBSISTE QUI ASSURE LA VARIÉTÉ ET LA DIVERSITÉ DES FORMES FINALES.

LA NÉCESSITÉ SEULE N'ENGENDRE QUE DU PAREIL AU MÊME, DONC DE LA MONOTONIE.
LE HASARD SEUL N'ENGENDRE QUE DU FOUILLIS.
LA NATURE JOUE SUR LES DEUX TABLEAUX POUR ABOUTIR À UN COSMOS HAUTEMENT ORGANISÉ, ET EN MÊME TEMPS, FABULEUSEMENT VARIÉ.
C'EST LE SECRET DE LA CRÉATIVITÉ DU MONDE.

ON RETROUVE CE MÊME MODE DE STRUCTURATION TOUT AU LONG DE L'ÉVOLUTION BIOLOGIQUE.
LES PAPILLONS ONT POUR BUT DE POLLINISER LES FLEURS.
LA NATURE AURAIT PU FAIRE UN SEUL MODÈLE.
MAIS CE N'EST PAS SA FAÇON D'AGIR.
ELLE S'ÉVERTUE À PRODUIRE TOUJOURS DU NOUVEAU ET DE L'INÉDIT.
C'EST LÀ UN DES SECRETS DE SA CRÉATIVITÉ EXPONENTIELLE.

IL EST TEMPS DE JUXTAPOSER CES RÉFLEXIONS SUR LA NATURE AVEC CELLES DE NOS AMIS MUSICIENS SUR LES ŒUVRES QU'ILS VIENNENT D'INTERPRÉTER.
ON AURA RECONNU LA RESSEMBLANCE ENTRE LE COMPORTEMENT DE LA NATURE POUR ORGANISER LE COSMOS TOUT AU LONG DE L'HISTOIRE DE L'UNIVERS ET CELLE DES COMPOSITEURS D'ŒUVRES D'ART.
POUSSÉS PAR UNE SORTE DE PULSION DE CRÉER TOUJOURS DU NEUF.

LES DEUX UTILISENT UN MODE DE STRUCTURATION ANALOGUE : ASSOCIER DES ÉLÉMENTS SIMPLES POUR PRODUIRE DES RENCONTRES CRÉATRICES...
... ET, PAR LÀ, DES PROPRIÉTÉS ÉMERGENTES.

LE MUSICIEN UTILISE DES SONS: DES ONDES SONORES À FRÉQUENCES DÉTERMINÉES.

LE PEINTRE UTILISE DES COULEURS = DES ONDES ÉLECTROMAGNÉTIQUES ÉGALEMENT À FRÉQUENCES DÉTERMINÉES .

LE RÉSULTAT DE LEUR ASSOCIATION, DANS UN ORDRE DÉTERMINÉ, EST UNE PROPRIÉTÉ ÉMERGENTE.

C'EST UNE CANTATE DE BACH OU UN QUATUOR DE SCHUBERT. C'EST UNE ŒUVRE DE VERMEER OU DE VAN GOGH...

L'ÉCRITURE MUSICALE OBÉIT À DES RÈGLES QUI VARIENT AU COURS DU TEMPS.
CELLES DE L'ÉPOQUE DE BACH NE SONT PAS CELLES DE FAURÉ OU DE DUTILLEUX.
CES RÈGLES ÉNONCENT LES GRANDES LIGNES DE CHAQUE COMPOSITION MAIS NE DÉTERMINENT PAS ENTIÈREMENT L'OEUVRE TERMINÉE.

BACH A ÉCRIT PLUS DE 354 CANTATES POUR LES PAROISSIENS DE WEIMAR. NOUS LES ENTENDONS AVEC GRAND PLAISIR.
SI LES RÈGLES AVAIENT ÉTÉ TOTALEMENT CONTRAIGNANTES, IL N'AURAIT PU EN FAIRE QU'UNE SEULE.
VRAISEMBLABLEMENT, ON NE L'ÉCOUTERAIT PLUS DEPUIS LONGTEMPS...

ALORS, MAINTENANT, UN MESSAGE POURRAIT ÊTRE DÉLIVRÉ À L'ARTISTE AU SUJET DE CETTE PULSION OBSCURE QUI LE POUSSE...
... À POURSUIVRE SON ŒUVRE CRÉATRICE MÊME DANS LES CONDITIONS PÉNIBLES DE SA VIE :
TU ES INSCRIT DANS UNE MOUVANCE QUI SE PERPÉTUE DEPUIS PRÈS DE 14 MILLIARDS D'ANNÉES.
ELLE PRÉSIDE À LA STRUCTURATION DE LA COMPLEXITÉ COSMIQUE ...
... ET À L'AVÈNEMENT DE CHACUN DE NOUS DANS L'UNIVERS.

DE PLUS, TU PROLONGES, PAR TON ACTIVITÉ QUOTIDIENNE, CETTE NOBLE TÂCHE DE CRÉER TOUJOURS DU NOUVEAU...
... ET D'EMBELLIR LE MONDE.
VOILÀ CE QUI TE POUSSE À TE CONSACRER À TON ŒUVRE EN TOUTES CIRCONSTANCES.

* ANTONINE MAILLET

AYANT ENGENDRÉ, TOUR À TOUR, LA LUMIÈRE,
LA NUIT,
LE CIEL,
LA TERRE,
LES PLANTES,
LES ANIMAUX,

L'HOMME ET LA FEMME,

ET AYANT VU QUE " TOUT ÉTAIT BIEN ", LE SEPTIÈME JOUR, DIEU SE REPOSA, MAIS L'HOMME REGARDANT LE MONDE N'EN FUT POINT SATISFAIT...
...ET DÉCIDA DE L'AMÉLIORER.
IL DEVINT "L'ARTISAN DU HUITIÈME JOUR".

IL EST CHARGÉ DE POURSUIVRE L'OEUVRE COSMIQUE ET DE L'EMBELLIR ENCORE.
POUR SE CONVAINCRE DE LA JUSTESSE DE CES MOTS, IL SUFFIT DE SE RAPPELER ...

... QU'IL Y A QUATRE CENTS ANS À PEINE, NI BACH NI MOZART NI WAGNER N'AVAIENT ENCORE AJOUTÉ LEURS CONTRIBUTIONS À LA BEAUTÉ DU MONDE DANS LEQUEL NOUS VIVONS.
CE SONT BIEN DES ARTISANS DU HUITIÈME JOUR !

CETTE HISTOIRE, COMME LES BONNES HISTOIRES,
POSSÈDE UNE MORALE.
OUS AVONS TOUS UN DOMAINE D'ACTIVITÉ
UR LEQUEL S'ÉTEND NOTRE INFLUENCE :
FAMILLE,
PROFESSION,
MILIEU SOCIAL, AUSSI VASTE OU AUSSI RESTREINT QU'IL SOIT...

TOUT AU LONG DE NOTRE EXISTENCE,

NOS ACTES PEUVENT AVOIR DES CONSÉQUENCES,
POSITIVES,
HOUSE
OU NÉGATIVES.

CES CONSIDÉRATIONS PEUVENT DONNER UN SENS À NOTRE PASSAGE DANS L'UNIVERS.
IL S'AGIT D'ŒUVRER À EMBELLIR LE MONDE.

POUR APPROFONDIR VOS CONNAISSANCES

TROIS SUGGESTIONS D'HUBERT REEVES

D.R.

***Le destin de l'Univers I, II, «Folio essais»*, livre de Jean-Pierre Luminet, Gallimard, 2010.** Jean-Pierre Luminet retrace les grandes étapes de l'évolution cosmique et offre à ses lecteurs un efficace outil de compréhension de l'Univers et des apocalypses célestes : combustion programmée de la planète Terre, extinction du Soleil, explosion des étoiles, coagulation des masses en trous noirs, désagrégation des galaxies... Jusqu'à l'inexorable refroidissement de l'Univers tout entier. Un très bon exposé sur l'état actuel de l'astronomie et de la cosmologie contemporaine.

***L'Univers raconté à mes petits-enfants*, livre d'Hubert Reeves, Le Seuil, 2011.** Une présentation très simplifiée pour de jeunes lecteurs. La contemplation de la voûte céleste et le sentiment de notre présence parmi les astres provoquent un désir partagé d'en savoir plus sur ce mystérieux cosmos que nous habitons. Dans ce livre que j'ai dédié à mes petits-enfants, il est question de science, ce qui n'exclut pas la poésie.

D.R.

D.R.

***Patience dans l'azur*, livre d'Hubert Reeves, Le Seuil, 1981.** Les principaux thèmes exposés dans la présente bande dessinée sont racontés et expliqués avec force détails dans cet ouvrage.

TROIS SUGGESTIONS DE DANIEL CASANAVE

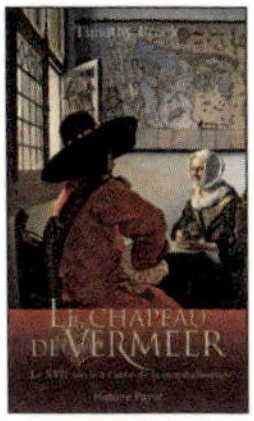

D.R.

***Le Chapeau de Vermeer*, livre de Timothy Brook, Petite Bibliothèque Payot, 2010.** Le jeune historien Timothy Brook nous propose, par l'étude de cinq tableaux de Vermeer et d'une faïence de Delft, de pénétrer dans les créations du peintre pour comprendre la réalité du monde en mutation du XVIIe siècle. On entre dans la maison du peintre pour de longs voyages en Amérique du Nord et surtout en Chine, où se dévoile la première mondialisation.

D.R.

***Le Sacre du Printemps*, ballet composé par Igor Stravinsky, Detroit Symphony Orchestra, sous la dir. d'Antal Dorati, édition DECCA.** 29 mai 1913, création d'une musique contemporaine. *Le Sacre* m'a toujours évoqué, au-delà de tout folklore russo-sibérien, la musique la plus adaptée pour nous parler de la création du monde. Par son rythme infernal et ses saccades endiablées, j'ai toujours eu l'impression d'être dans les forges de Vulcain !

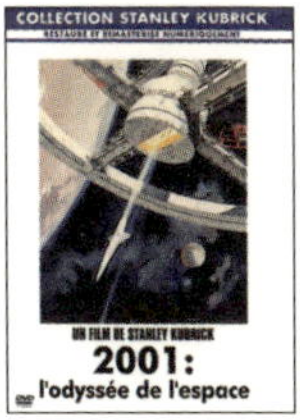

D.R.

***2001 : L'Odyssée de l'Espace*, film de Stanley Kubrick, 1968.** Ballet futuro-métaphysique. Depuis mon adolescence, je chéris ce film que l'on dit de S.F., mais qui a toujours été pour moi l'œuvre ultime de la totale incompréhension de la création de l'Univers. Une mise en scène inouïe servie par des choix musicaux incroyables (Le *Zarathoustra* de R. Strauss ou *Le beau Danube bleu* de J. Strauss...), un os, un mégalithe noir, un cyber-ordinateur, une salle de bains et des meubles Louis XV... Et le tour est joué !

BIBLIOGRAPHIE SÉLECTIVE D'HUBERT REEVES

Patience dans l'azur,
coll. « Science ouverte »,
Le Seuil, 1981.
Éd. de poche, 1988.

Poussières d'étoiles,
coll. « Science ouverte »,
Le Seuil, 1984.
Éd. de poche, 1994.

D.R.

L'heure de s'enivrer,
coll. « Science ouverte »,
Le Seuil, 1986 et 1992.
Éd. de poche, 1999.

Malicorne,
coll. « Science ouverte »,
Le Seuil, 1986. Éd. de poche, 1995 et 1998.

Compagnons de voyage,
avec Jelica Obrenovitch,
coll. « Science ouverte »,
Le Seuil, 1992.
Éd. de poche, 1998.

Dernières nouvelles du cosmos,
coll. « Science ouverte »,
Le Seuil, 1994.
Éd. de poche, 2002.

D.R.

La première seconde,
coll. « Science ouverte »,
Le Seuil, 1995.
Éd. de poche, 2000.

La plus belle histoire du monde,
avec Yves Coppens,
Joël de Rosnay et
Dominique Simmonet,
Le Seuil, 1995.
Éd. de poche, 2001.

Intimes convictions,
Parole d'Aube, PUF, 1996,
La Renaissance du Livre,
2000.

Oiseaux, merveilleux oiseaux, coll. « Science ouverte », Le Seuil, 1998. Éd. de poche, 2003.

Sommes-nous seuls dans l'Univers ?, ouvrage collectif, Fayard, 2000. Éd. de poche, 2002.

Les artisans du huitième jour, Éditions Alice, 2000.

Mal de Terre, avec Frédéric Lenoir, coll. « Science ouverte », Le Seuil, 2003. Éd. de poche, 2005.

Chroniques du ciel et de la vie, Le Seuil et France Culture, 2005. Éd. de poche, 2010.

D.R.

Chroniques des atomes et des galaxies, Le Seuil et France Culture, 2007.

D.R.

Je n'aurai pas le temps, coll. « Science ouverte », Le Seuil, 2008.

L'univers expliqué à mes petits-enfants, Le Seuil, 2011.

Là où croît le péril... croît aussi ce qui sauve, Le Seuil, 2013.

La mer expliquée à nos petits-enfants, avec Yves Lancelot, Le Seuil, 2015.

Hubert Reeves nous explique la biodiversité, avec Nelly Boutinot et Daniel Casanave, Le Lombard, 2017.

BIBLIOGRAPHIE SÉLECTIVE DE DANIEL CASANAVE

D.R.

Ubu Roi, d'après Alfred Jarry, Les 400 coups, 2001.

Les mamelles de Tirésias, d'après Guillaume Apollinaire, Le Pythagore, 2003.

Macbeth, d'après William Shakespeare, Six pieds sous terre, 2006.

D.R.

Baudelaire, avec Noël Tuot, Les Rêveurs, 2006.

Verlaine, avec Bernard Jagodzinski, Les Rêveurs, 2008.

Flaubert, avec Philippe Jacques, Les Rêveurs, 2009.

D.R.

Une aventure rocambolesque d'Attila le Hun, avec Manu Larcenet, coll. « Poisson Pilote », Dargaud, 2006.

D.R.

Une aventure rocambolesque du Soldat inconnu, avec Manu Larcenet, coll. « Poisson Pilote », Dargaud, 2009.

Villain, l'homme qui tua Jaurès, avec Frédéric Chef, Altercomics, 2011.

Les chroniques d'un maladroit sentimental, avec Vincent Zabus, tomes 1 et 2, 2013-2014.

D.R.

Toi au moins, tu es mort avant, avec Sylvain Ricard, Futuropolis, 2013.

Percy et Mary Shelley. La vie amoureuse de l'auteur de Frankenstein, avec David Vandermeulen, coll. « Romantica », Le Lombard, 2014.

Chamisso. L'homme qui a perdu son ombre, avec David Vandermeulen, coll. « Romantica », Le Lombard, 2014.

D.R.

Savoir Pour Tous, avec David Vandermeulen, parution régulière dans ***Le Revue Dessinée*** depuis 2013 (en cours).

Tu sais ce qu'on raconte..., avec Gilles Rochier, coll. « Civilisation », Warum, 2017.

Hubert Reeves nous explique la biodiversité, avec Hubert Reeves et Nelly Boutinot, Le Lombard, 2017.

D.R.

Nerval, l'inconsolé, avec David Vandermeulen, Casterman, 2017.

Merdre ! Jarry, le père d'Ubu, avec Rodolphe, Casterman, 2018.

Directeur de collection
DAVID VANDERMEULEN

Éditrice
NATHALIE VAN CAMPENHOUDT

Conception graphique
ELHADI YAZI

Adaptation graphique
ÉRIC LAURIN
REBEKAH PAULOVICH

Certifié PEFC
Ce produit est issu de forêts gérées durablement et de sources contrôlées
PEFC/32-31-002
www.pefc-france.org

Les textes de cet album sont issus du spectacle musical *Mozart et les étoiles* conçu par Hubert Reeves avec le groupe *Calliopée* et sa présidente Karine Lethiec, altiste.

D/2016/0086/045
isbn : 978-2-8036-3639-6

R 11/2017

Dépot légal : mars 2016
Imprimé en U.E. par Interak

LES ÉDITIONS DU LOMBARD
7, AVENUE PAUL-HENRI SPAAK
1060 BRUXELLES-BELGIQUE